U0376287

筑境

中国精致建筑100

1 建筑思想

风水与建筑
礼制与建筑
象征与建筑
龙文化与建筑

2 建筑元素

屋顶
门
窗
脊饰
斗栱
台基
中国传统家具
建筑琉璃
江南包袱彩画

3 宫殿建筑

北京故宫
沈阳故宫

4 礼制建筑

北京天坛
泰山岱庙
闾山北镇庙
东山关帝庙
文庙建筑
龙母祖庙
解州关帝庙
广州南海神庙
徽州祠堂

5 宗教建筑

普陀山佛寺
江陵三观
武当山道教宫观
九华山寺庙建筑
天龙山石窟
云冈石窟
青海同仁藏传佛教寺院
承德外八庙
朔州古刹崇福寺
大同华严寺
晋阳佛寺
北岳恒山与悬空寺
晋祠
云南傣族寺院与佛塔
佛塔与塔刹
青海瞿昙寺
千山寺观
藏传佛塔与寺庙建筑装饰
泉州开元寺
广州光孝寺
五台山佛光寺
五台山显通寺

6 古城镇

中国古城
宋城赣州
古城平遥
凤凰古城
古城常熟
古城泉州
越中建筑
蓬莱水城
明代沿海抗倭城堡
赵家堡
周庄
鼓浪屿
浙西南古镇廿八都

7 古村落

浙江新叶村
采石矶
侗寨建筑
徽州乡土村落
韩城党家村
唐模水街村
佛山东华里
军事村落—张壁
泸沽湖畔“女儿国”—洛水村

8 民居建筑

北京四合院
苏州民居
黟县民居
赣南围屋
大理白族民居
丽江纳西族民居
石库门里弄民居
喀什民居
福建土楼精华—华安二宜楼

9 陵墓建筑

明十三陵
清东陵
关外三陵

10 园林建筑

皇家苑囿
承德避暑山庄
文人园林
岭南园林
造园堆山
网师园
平湖莫氏庄园

11 书院与会馆

书院建筑
岳麓书院
江西三大书院
陈氏书院
西泠印社
会馆建筑

12 其他

楼阁建筑
塔
安徽古塔
应县木塔
中国的亭
闽桥
绍兴石桥
牌坊

中国精致建筑100

采石矶

中国建筑工业出版社

出版说明

中国是一个地大物博、历史悠久的文明古国。自历史的脚步迈入新世纪大门以来，她越来越成为世人瞩目的焦点，正不断向世人绽放她历史上曾具有的魅力和光辉异彩。当代中国的经济腾飞、古代中国的文化瑰宝，都已成了世人热衷研究和深入了解的课题。

作为国家级科技出版单位——中国建筑工业出版社60年来始终以弘扬和传承中华民族优秀的建筑文化，推动和传播中国建筑技术进步与发展，向世界介绍和展示中国从古至今的建设成就为己任，并用行动践行着“弘扬中华文化，增强中华文化国际影响力”的使命。从20世纪80年代开始，中国建筑工业出版社就非常重视与海内外同仁进行建筑文化交流与合作，并策划、组织编撰、出版了一系列反映我中华传统建筑风貌的学术画册和学术著作，并在海内外产生了重大影响。

“中国精致建筑100”是中国建筑工业出版社与台湾锦绣出版事业股份有限公司策划，由中国建筑工业出版社组织国内百余位专家学者和摄影专家不惮繁杂，对遍布全国有历史意义的、有代表性的传统建筑进行认真考察和潜心研究，并按建筑思想、建筑元素、宫殿建筑、礼制建筑、宗教建筑、古城镇、古村落、民居建筑、陵墓建筑、园林建筑、书院与会馆等建筑专题与类别，历经数年系统科学地梳理、编撰而成。本套图书按专题分册，就其历史背景、建筑风格、建筑特征、建筑文化，结合精美图照和线图撰写。全套100册、文约200万字、图照6000余幅。

这套图书内容精练、文字通俗、图文并茂、设计考究，是适合海内外读者轻松阅读、便于携带的专业与文化并蓄的普及性读物。目的是让更多的热爱中华文化的人，更全面地欣赏和认识中国传统建筑特有的丰姿、独特的设计手法、精湛的建造技艺，及其绝妙的细部处理，并为世界建筑界记录下可资回味的建筑文化遗产，为海内外读者打开一扇建筑知识和艺术的大门。

这套图书将以中、英文两种文版推出，可供广大中外古建筑之研究者、爱好者、旅游者阅读和珍藏。

目录

009 一、风月江天共一楼

025 二、从三公祠到纪念馆

037 三、广济寺与赤乌井

043 四、矶头明月　亭上秋山

053 五、燃犀镇妖　金牛出渚

059 六、三元洞与横江馆

067 七、荒冢穷泉骨　惊天动地文

077 八、名贤与采石

081 九、青山映翠　诗魂流芳

087 大事年表

采石矶

中国的历史，上下五千年；中国的地理，纵横数万里。作为文明古国，华夏大地要找几处物华天宝，人杰地灵的地方，大约可以百计。但如同人身上有经络和穴位一样，在大江南北有几处地方自古即为中国文化的气血运行交汇，中国的政治、历史郁结冲撞之处，采石矶即为其一。

采石矶在安徽省境内，原属当涂县，20世纪50年代后新兴城市马鞍山形成，采石和当涂悉归马鞍山市。采石矶北距南京不过50余公里，西部隔江与和县相望。长江万里，百转千折，但到当涂却是极重要的一折。本来江水出江西鄱阳湖后一路奔东北方向，一过芜湖入当涂，转而径直向北流去，直到过了南京复又东流。这段南北流向的江便被称为“横江”，古语之“江东”称谓亦由此而生。

为北去江水让开路的是天门山，又叫东西梁山。东梁山在当涂境内，西梁山在和县。中国古代讲堪舆，以山为门、为水之出口者，因气魄大可谓天造地设之门，故将这扼住江水的山称为“天门山”。诗人李白专门为之写过一首“望天门山”的诗：“天门中断楚江开，碧水东流至此回，两岸青山相对出，孤帆一片日边来。”就是描写长江流出天门山口的情景。

在横江北去途中，两岸青山不断，有一山名翠螺，直逼江水，古人称大山临水为矶，这翠螺山以悬崖峭壁突兀江流，正是名实相副的矶。又传说三国时和尚掘井得一五色斑斓的石头遂凿成石香炉用作镇寺之宝，故此矶即被称为采石矶。它与南京燕子矶，岳阳城陵矶并称长江三矶。

图0-1 采石矶全景图

天门中断、矶下回流，于是万里长江在此结下一穴，南北、东西、人间、天上的气脉一朝郁结便演出了中国历史上无数情真意切以至腥风血雨般的戏剧来。

楚汉相争失败后的项羽，便是败退到采石对岸的和县的乌江边，这位英雄环顾左右，当年江东八千子弟所剩无几。眼看前有滔滔江水，后有滚滚追兵，终于自刎于乌江。和县至今有霸王庙，纪念他那虽死犹雄的精神。但传说江边的艄公是将他的乌骓马渡到了江东，那马见主人不能生还，滚翻在地，甩去马鞍，接着一阵长嘶，悲鸣而去。那马鞍落地化成一座山，就是采石附近马鞍山的由来。

图0-2 自长江江面望翠螺山/上图

图0-3 大山临江曰矶，此为采石矶临江水处/中图

图0-4 矶上摩崖石刻“天下太平”是饱经战争苦难的采石人民的心声/下图

图0-5 江边渔民至今过着以船为家的生活/上图

图0-6 采石镇上的牌坊/中图

图0-7 跨过锁溪河上的桥即抵达采石矶，背后便是翠螺山/下图

采石矶地处吴头楚尾，雄踞南北东西之要冲，又紧靠南京，故一直为军事重地。清人李暲采石之诗云："锁钥东南扼上游，纷纷争守逐江流，西来帆影三千舳，北拱宸京亿万秋"，概括了采石的战略地位。隋开皇九年，隋将韩擒虎率五百将士渡过横江，占据采石进取建业，一举灭陈，引出了后人金陵怀古诗中所谓"千年铁锁沉江底，一片降幡出石头"的典故。唐朝黄巢起义则由南而北，由采石渡江至江北天长击败唐军主力。至宋代初年，宋将曹彬以浮桥渡江到采石转赴建康，使南唐后主李煜被迫投降，垂泪离宫，写下了"问君能有几多愁，恰似一江春水向东流"的哀婉凄切的辞章。至南宋，虞允文利用天险，坚守采石，团结一万八千将士，以少胜多，击败金国完颜亮的进犯。到了元末，朱元璋也是在安徽起事后，由采石渡江，控制南京奠定大明江山。

然而使采石矶享誉天下的还不是这些赫赫武功，而是一千二百多年前盘结至此的天地间的一股郁郁灵气，那是被称之为"笔落惊风雨，诗成泣鬼神"的李白的诗魂，他那屡遭压抑依然不减毫分的豪迈之气，他那被大好山河激越起来奔腾直下的热爱祖国、热爱自然的纯真之气，他那化作浪漫传说的忧国忧民的正直浩然之气。正如后人在一副楹联中所说"自公一去无狂客，此地千秋有盛名"。正是这股郁结于此的灵气不仅使千余年的诗人墨客、文官儒将竞相折腰，还使得这儿的太白楼、蛾眉亭、怀谢亭等一批古建

图0-8 采石公园大门

图0-9 清代时的采石矶
（袁子瑶据清代萧云丛《采石图》重绘）

筑建造在翠螺山麓，虽岁月无情，人事多变，仍能屡毁屡建，且使原有的一批古迹也跟着熠熠生辉。

故清人许岩光说："大江之左，名山无限，其中伟人杰士，以山得名者亦无限。独采石谪仙楼，山与人最著……采石非能名谪仙，乃谪仙名采石也。谪仙亦非以采石著诗名，乃谪仙之才之识之胆，足以横天门而跨牛渚也。"

李白这位被称为谪仙人的诗人，25岁那年即"仗剑去国，辞亲远游"，离开家乡四川，四方奔走去追索自己的理想。在此后的30多年中，他前后有6年是在安徽度过的。他留世的一千多首诗中有二百余首是在安徽写作的。他晚年被谗，逐出京城和流放夜郎两次打击都迫使他淹留安徽。而在李白五次游皖的经历中，就有四次到了当涂并最后定居于此直到去世。李白是在贫困悲愤中辞世的，死后原葬龙山，55年后（公元817年），李白生前好友范伦之子范传正任宣歙观察使，他访得李白墓冢，又找到诗人的两位孙女，接着遵李白生前愿望，移墓于当涂青山，与他所尊崇的南齐诗人谢眺的故宅为邻。大约也就是那时，采石镇建起了李白衣冠冢。从此，李白诗之魂萦绕于青山采石之间，吸引着一代代的诗人和游客。采石因而成为名胜，1935年辟为采石公园，20世纪80年代，马鞍山市将公园内的农户逐渐迁出，1987年采石矶被列为安徽省级名胜风景区。

一、风月江天共一楼

采石矶的风景点主要在翠螺山南麓和东麓，而以西南端临江处的太白楼一带为最集中。在这诸多景点中，太白楼是灵魂。90%以上的游客皆以游太白楼、留影太白楼为旅游重点。中国之大，李白之受人敬慕，使得以太白命名的楼阁和祠堂不下二十余处，新建的太白酒楼则更是不可胜数。然而采石之太白楼因为与太白之诗魂相系而更负盛名，它历史最久，最得形胜而也最能体现太白风骨。

当涂县志记载此楼始建于唐元和年间。大约正是范传正迁建李白墓后兴建的。较范氏稍晚一些的唐代大诗人白居易拜访过李白墓据说写过谪仙楼诗，宋代的苏轼则留下了他的谪仙楼诗，可见当时楼已存在。明正统年间（1436—1449年）又一次重建。清顺治十三年（1656年）毁，康熙元年（1662年）和雍正八年（1730年）再重建，更名太白楼。太平天国战争中楼又毁。光绪三年（1877年），湘军将领彭玉麟、陶立忠等再次重建，李鸿章也捐

图1-1 唐李公青莲祠，院内第一幢建筑即为太白楼

图1-2 楚韵依然的李白祠门罩

图1-3 高高翘起的屋角如凤鸟之翼，驰入蓝天

钱在此楼后建起太白祠。1934年曾修过一次，20世纪60年代以后数次大修，并改青瓦为黄琉璃瓦。经过这一千多年的兴废，今日的太白楼再也看不到唐宋时期的构件了，但其位置似未大变。而木构则是一百多年前重建时的遗物。1961年，此楼被列为安徽省级文物保护单位。

沿采石公园的曲径信步走去，或者沿锁溪河畔的汽车路前行，终点都是太白楼。远远望去，粉墙之上，灰黑色的屋顶掩映在碧树丛中，粉墙上有一翼角飞升的宫阙般的门罩，门罩之下，赫然写着“唐李公青莲祠”，即为太白楼建筑群的入口。

清代以前，长江江水直逼太白楼畔，楼西侧山脚岩石上至今仍可看到当年拴船缆的孔洞。其时此楼直逼江涛，故登楼人留下了“风月江天贮一楼”的名句。岁月沧桑，江面西移，楼前淤出一块平地来，却也使今日游人有了留影之地。

图1-4 自第一进院子廊下望太白楼/对面页

太白楼
禁止吸烟

图1-5 太白楼底层的冰裂纹漏窗

太白楼建筑群有左、中、右三路，中路轴线上有三进院落，第一进在楼前，地势平坦，回廊环抱。廊内置重修太白楼碑记等。院内绿树参差，太白楼即于此小院中。楼上悬有两块匾额，三层上那块“太白楼”三字的匾就是现代诗人郭沫若书写的。楼面阔三间，高三层，底层尤为高敞，是过厅，现陈列有李白游踪图。二层为楼厅，当年为宴饮之所，原供有泥塑李白坐像，“文革”中毁，现在陈列的一尊神态潇洒的李白立像是1974年由北京等地的艺人用黄杨木雕成的。二楼四周有回廊四望，回廊的栏杆由柱身微微挑出，栏杆上的扶手，甚奇特，前后皆有一台口，原来那是古人饮酒论诗时放置酒杯又恐杯子滑落而作的独到的设计。立于此处，左侧有锁溪河的帆影，右侧有烟波浩渺的大江，万千诗词楹联，即由此处涌出。

图1-6 二层回廊正是凭栏眺望，把酒临风之处

图1-7 专为搁置酒具用的栏杆扶手

古人多住平房，稍一登高远眺顿觉胸襟大开，其心旷神怡之情更甚于今人。而楚人尤具浪漫情怀，长江中下游，两岸青山逶迤，美景迭出，临江建楼正是登高眺望怀古论今的好去处，因而黄鹤楼，岳阳楼、滕王阁皆在楚地沿江建成。黄鹤楼因孟浩然诗境之美而留世，岳阳楼因范仲淹忧国忧民的感慨而激励后人，滕王阁则因王勃的一篇华丽豪迈的歌赋而引人遐想。采石矶的太白楼则与此三楼不同，李白在世时并无此楼，倒是李白去世后，此楼屡毁屡建而与李白那郁结于此的不平之气相伴。试想，以李白之才、之识、之勇，何以终生报国无门，客死他乡呢？何以中国之大竟容不下这一位旷古奇才呢？后人每过此处多思之再三。

图1-8 以雕花夔龙木斜撑支持那飘逸的出檐

图1-9 楼内的黄杨木雕李白坐像

从这一点讲，谪仙楼是沉浸在一种诗意的浪漫和历史现实的悲楚中的，从这一点讲太白楼或许更具撞击人的心灵的力量。

清以前楼之状貌已不可考，但看如今留下的这百多年前所造之楼，以建筑家之眼光观之，除上述栏杆扶手之外，便又有以下几点值得一提。一是那高高翘起的屋角，正好体现了李白那种欲上青天揽明月的追求。中国古建筑屋角多上翘，但北方与南方大不同，北方翘得少，雄健；南方起翘的屋角叫嫩戗发戗，秀丽，有一种阴柔之美。太白楼很可能是由当年驻守采石的长江水师的兵士们和军匠修建的。水师中许多士兵是跟随将领从湖南、湖北一路打过来的，他们带来了飘逸浪漫的楚风，起翘值较苏州一带更大，就连那楼前的门罩，屋角

图1-10 李白立像表现出那独步千载的诗人风采

图1-11 太白楼三层梁架间的童柱也作酒瓶状

图1-12 第二进院落内祠前的敞廊和月洞门

图1-13 敞廊中的月梁和鹤颈轩——一种柔美的天花

图1-14 祠堂内的梁架似直似弯，正是一种吴头楚尾之风

翘得比屋脊还高，真有一种谪仙人的风采。与此相似的还有那屋脊上的葫芦和戟，与李白仰慕道教，“五岳寻仙不适远，一生好入名山游”的旨趣也颇能合拍。第二点就是木构的技巧，同官式建筑用斗栱层层出挑的方法不同，巨大的屋檐是由从柱头上延伸出来的梁头支托的，下边仅以一简单的雕花斜柱撑住，这斜撑上雕的夔龙又正好与栏杆上的木棂图案相呼应，手法简洁而古拙。在许多名楼改用钢筋混凝土建造之后，此楼所保存的楚风遗韵更显珍贵。第三处值得玩味的是太白楼与后边的祠堂的关系，跨过楼下过厅，便见几十级踏步陡然间迎面而起，拾级而上则达于第二进院子，即属于李鸿章兴建的李白祠的部分了。后为高山故祠也沿山而上，祠的地面与太白楼二层几乎同高，祠的两厢也是回廊，游客要进太白楼二楼必须先沿踏步蹬上第二院然后折转回头，沿

回廊进入楼内，看似走了回头路，实则一下子解决了楼与祠的矛盾。一般按习俗游人应先入祠拜谒而后登楼饮酒，但倘若将祠建于楼前，则后边的楼就失去了紧靠大江，明月江天皆先得的优势。充分利用地形在位置上将楼置于前，在路线上则谒祠在前登楼在后，这样便将似乎水火不容的两个要求统一了。

此楼既未辜负大好河山，也未辜负滞留采石的诗仙的灵气，我们那些触景生情的古人自然就会将览尽滔滔东去水，追慕千古谪仙人的胸中块垒化作不绝的文章出来。

古代交通不便，寻常百姓难得出远门。能登楼者，不是宦海逆旅中人，便是饱学多情之士。没来之前，已熟知李白悲剧与豪情，一股凭吊之意，只待登楼宣泄。但倘若此楼造得平庸，那情绪也便冷掉三分。观太白楼诗联之多，当信楼之不俗。看那楼内、楼外、祠前、祠后都是激情回荡的楹联匾额。而这只是历代诗词楹联中的一小部分。好在马鞍山市和安徽省文化人士已将它们编印成册，使这些千锤百炼的诗句被人世代吟咏。以楹联为例，有将山川形胜一下提炼出来的："三楚风光携袖底，六朝烟雨落樽前。"有感慨诗人与古战场的：

图1-15 自二进院落内的李白祠回首望太白楼，登楼由后进院落经回廊步入楼之二层/对面页

“涛声空战垒，山色恋诗魂。”有议古事而抒今情的：“谗起七言，千古才人千古恨，快登百尺，一楼风景一楼诗。”有描写诗仙风骨的：“千古诗才蓬莱文章建安骨，一身傲骨青莲居士谪仙人。”有以自谦写对诗人之崇敬的：“此处莫题诗，谁个敢为学士敌，江山曾捉月，我来甘拜酒仙狂。”有后人见前人乱题而提醒大家的：“吾辈此中堪饮酒，先生在上莫题诗。”岁月无情，大浪淘沙，只有那些最精彩者能伴随李白诗魂留存于世。

李白祠后还有一进院落，杂花生树，极是清幽。过去这里曾有寝堂一座，后毁去。20世纪60年代始建90年代后又改建的一处仿古茶室叫“醉月斋”，取意于李白“飞羽觞而醉月”诗句，游人至此可小憩。太白楼东西两侧还有两路，是面阔两间的辅助房屋，院落也窄小，是修建采石书院时在此处加建的，小院再向东就是李白纪念馆了。

二、从三公祠到纪念馆

当游人步行往太白楼时，先要经过另一组建筑群。这是一处在太白楼东侧一组三路，总面阔达50余米，进深为三进的宽阔的院落群。它们一字儿排开，南侧开了不少门，正中是一座四柱五楼歇山顶的砖雕牌坊。门前还有一对抱鼓石，那气势似乎比李白祠门屋有过之而无不及。这就是当年的三公祠，如今则用作李白纪念馆了。

采石矶既然是南北东西来往脉络上的一处要穴，自然是兵家必争之地，每当政治军事血脉不通，采石矶头便战火熊熊，其结果之一就是毁掉了太白楼。可见那李谪仙不但生不得志，死后也经常不得安宁。这最后一次祸及太

图2-1 与太白楼毗邻的李白纪念馆——当年的三公祠

图2-2 李白纪念馆的正面是当年的彭公祠/对面页

李白紀念館

白楼的是清咸丰年间清政府与太平天国之间的战争，它将清康熙元年（1662年）重建的楼烧成灰烬。在清军与太平军的拉锯战中，清军的长江水师终于占了上风，进驻采石。统领长江从荆州至崇明数千里防线的水师提督彭玉麟为一儒将，认为不可让一代诗人的胜迹久久淹没。调任后即捐资重修，建成今日所见的太白楼。但工程活动并未就此结束，19世纪七八十年代战争结束之后，这批出生入死护卫过大清朝廷摇摇欲坠统治的将领们被清廷褒奖，视为“中兴之将”。彭玉麟，与彭氏并列水师统帅后又任陕甘总督的杨岳斌以及水师提督的继任人李成谋三人在死后被皇帝批准于立功之地“赐恤建专祠”以便勉励后人效法。

据史料记载，彭玉麟出身官宦，少年贫寒，为人刚直，谦和、功成身退，住杭州自称退省庵主。前述楹联中甚为谦逊说谁个敢为学士敌的就是他写的，似乎并未奢望跻身于太白楼下。但光绪年间的采石志中已指出“彭刚

图2-3 砖牌坊的细部显示了安徽清代的砖雕技法

图2-4 李白纪念馆的正房太白堂是常年彭公祠的享堂

图2-5 太白堂砖铺地中嵌有青石雕的堂心石/上图

图2-6 太白堂的山墙的观音兜做法再次表现了楚韵的柔美/下图

图2-7 回廊中隐含有梅花的挂落仍泄露着彭玉麟“一腔心事托梅花”的爱情故事

直、李勇恪祠址皆生前已为位置”。可见，上有朝廷的功利主义的表彰，下有部属宦海沉浮的追求，终于造成了这所谓的三公祠。清光绪年间的李恩绶在撰《采石志》时说，“中兴诸将祠宇相望，金碧焕然，访虞允文，常开平诸祠遗址不可得。”遂有“人事每代谢，丛祠有废兴”的感慨。

在历史名人祠旁建新祠，即使当时似乎名望不差也难以不被历史岁月荡涤。三公祠中最后的李公祠建好后不过40余年，在1935年时，人们已无法辨认三公祠的面目了，加之兵士驻防，各建筑物多遭破坏，若干民房也建在这儿。至20世纪50年代，这里成为采石中学的一部分，廊庑多已倾圮，牌坊上部也已断折。至1986年，市政府修整太白楼时决定也修复三公

图2-8 东侧院中正房是当年杨公祠的享堂/上图

图2-9 开满落地窗的吟香馆是为品茶吟诗而重建的/下图

图2–10 当年杨公祠的正门现在叫翰林村

祠，并用作李白祠纪念馆陈列。根据民国年间的照片修复了砖牌楼，牌楼背面由中国现代书法家沙孟海写了“独步千载”四个字，既揭示了李白的精神，也揭示了历史的事实，也使太白楼难以容纳的众多关于李白的展品有了陈列的场所。

游三公祠可由砖牌楼门进去。此为中路，第一进院落是一处较太白楼更为深长与阔大的廊院，大堂五开间，虽是一层，却极高爽，硬山顶，山墙作弧形云墙，俗话叫观音兜。这即是当年彭公祠的享堂。民国年间尚有彭氏牌位，上写“太子太保兵部尚书一等轻骑都尉谥刚直彭公讳玉麟之神位。”两壁悬有装裱过的“忠、孝、节、义”四个大字。后来这些东西都毁掉或遗失了。不过，如今回廊上和门窗上的窗棂仍可看见梅花状的图案，那是因为彭玉麟甚爱梅花之故。从太白楼后留下的彭氏一首诗中人们推测，彭氏曾爱过一梅姓女子，因家

图2-11 西侧院落红杏轩是当年会客宴饮之所

图2-12　李公祠已不存在了，祠后花园中的清风亭形制独特（现已修复）

贫不能如愿后该女子已亡，彭氏遂每每以画梅花寄述情怀，其诗曰："诗境重新太白楼，青山照月正当头，三生石上因缘在，结得梅花不用修。至此何尝敢作诗，翠螺山拥谪仙祠，颓然一醉狂无赖，乱写梅花数十枝，姑孰溪边忆故人，玉壶冰澈绝纤尘，一枝留向江南去，频寄相思秋复春，太平鼓角静无哗，直北旌霓望眼赊。无补时艰深愧我，一腔心事托梅花。"

彭公祠西又有一路院落，建筑甚低矮，当年是用作彭公祠厨房等辅助用房的。彭公祠东的一路布局与彭公祠相似而尺度略小，即为杨公祠，廊庑已不存，享堂已修好，更名为凝青阁，前厅已重建曰吟香馆。院内有李成谋书写的碑刻数通。李公祠在杨公祠东，早在民国年间已所剩无几，难以辨识，很可能已被拆除它用，但后部的花园格局仍在，有滴翠楼，清风亭等。

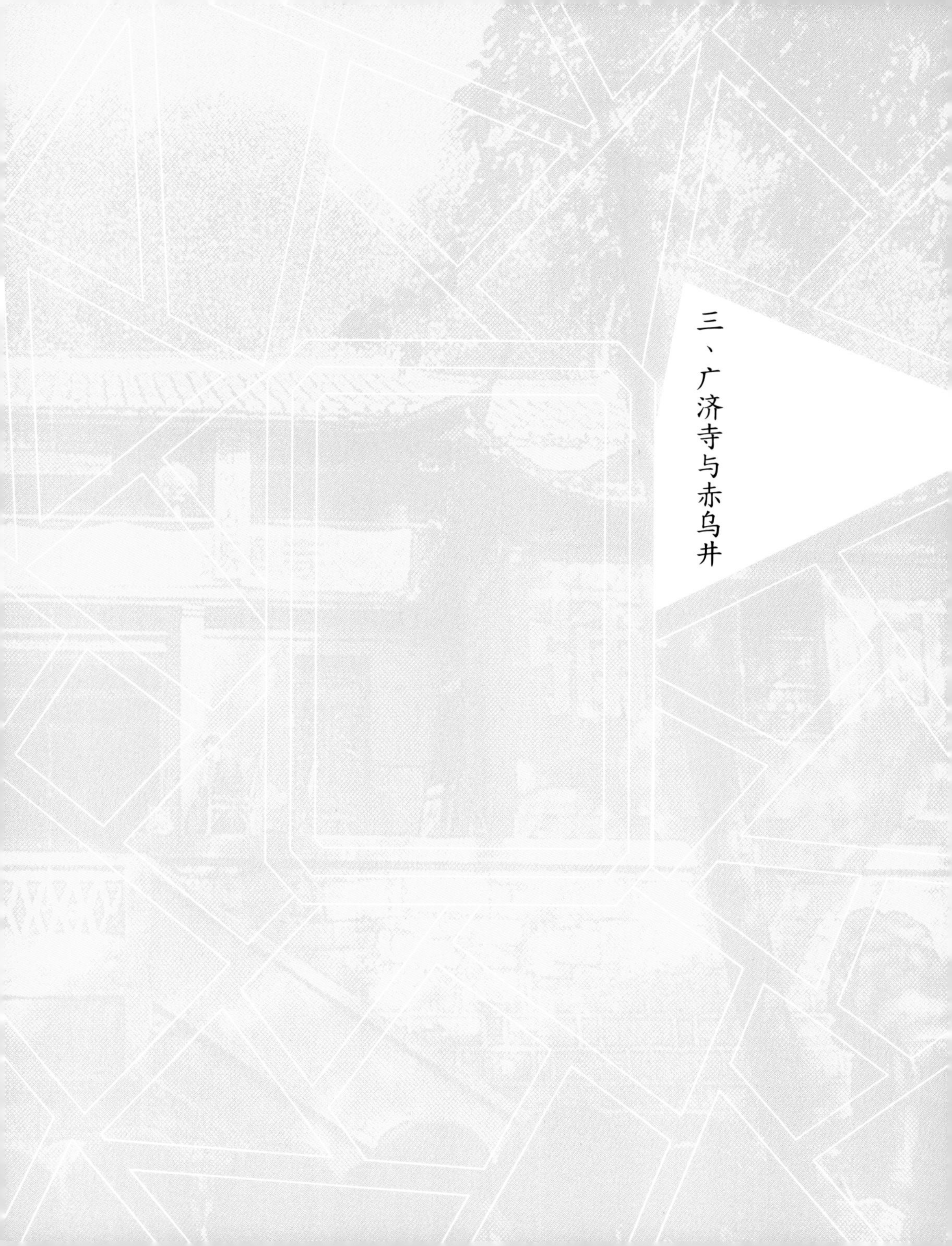

三、广济寺与赤乌井

图3-1 掩映在绿树丛中的广济寺

沿太白楼石级西南行不远，台地上有新建饭店翠螺轩，再前行，在绿树丛前，石台基之上，青烟缭绕中，善男信女，络绎不绝，此便是广济寺。寺址台基三层，第一进、第二进的门与前殿同江山风月楼均已毁去，只剩后殿。后殿平面呈“Π”形，左右各有一层歇山屋宇伸出，中间为面阔三间的楼屋式殿宇。这种布局与普通大庙的歇山殿宇颇不同，而与安徽九华山上的民居式佛寺相近似。史载广济寺始建于三国东吴赤乌二年（239年），且有安徽佛教祖庭之誉。宋代时叫广济院，又叫石矶院，资福院，明洪武十二年重修后始名广济寺。此后多次被毁，清光绪年间又重建，时山门两侧有对联，一边是“经传白马”，一边是“寺创赤乌”，那意思自然是寺虽小而名气大。此话也绝非虚构，寺之东南仍可见一井，此井史载建寺时掘成，距今一千七百余年，但看那井圈上刻赤乌井三字，虽仍是后代再做的，却也绳痕累累。传说寺僧打水时不慎将桶失落井中，

图3-2 广济寺前的善男信女们

图3-3 寺前保护赤乌井的新建井亭/前页

次日有人得桶于江中，于是说此井通江通海。此井深为20米，20世纪80年代初在此井上重建起一座井亭以护此井并供游人休息。

广济寺近年香火又盛，山门与前殿的复建已在进行中。采石矶上的宗教建筑还有生生庵、了然庵、白衣庵、承天观等，岁月沧桑，它们都已看不到了。

图3-4 赤乌井

四、矶头明月亭上秋山

沿广济寺前小路向西南方前进，穿过一片密林向上攀登，绿树尽头，豁然开朗处一片迎着江面缓缓的平坡地。此即今日游人最喜登临眺望的采石矶的矶头。此处有亭两座。那峰回路转扑面而来的一座亭，叫蛾眉亭。亭三开间，歇山顶。此亭最初是北宋熙宁二年（1069年）由当时的太平府尹张环建起来的。之所以叫蛾眉亭是因为站在矶头之上望那两座使李白吟出“天门中断楚江开”的诗句的东西梁山，恰如两道蛾眉的缘故。明代人陶安在他的蛾眉亭记里对此作了叙述，显示了文人的想象力。更有北宋那位写过《梦溪笔谈》的对科学技术最有兴趣的沈括到此也动了情，他结合当涂的另一座称为望夫山的山峰写了一首诗：“双峰

图4-1 密林尽头豁然开朗处即是采石矶头

图4-2 自江面望采石矶矶头/对面页

图4-3 蛾眉亭

秀出两眉弯，翠黛依然鉴影间。终日含颦缘底事，只因长对望夫山。”

蛾眉亭自创建以来，元、明、清三代都曾修葺过。亭内有一碑石记载了若干维修年代。从风景建筑的角度看，在此风光绝佳处必用亭榭作点睛之笔，以揭示风景之美与种种奇妙的典故。亭榭本身则是将人文之美融入自然之美。蛾眉亭屡毁屡建也证明此亭是少不得的。如今，这亭除了点景，又增加了一种功能，即保护那五块碑刻。那是采石矶这一带的历史的档案与文学、书法的升华。一块是宋代陈垲的诗碑。诗曰：“娲皇炼石乾坤定，为镇长江立两鳌。只盍此亭名赑屃，洗空烟黛对清高。”那被比作蛾之双眉的梁山此处成了镇守长江的鳌鱼（有人解释为神龟），赑屃，古人说是驮碑的龟，说它是龙的第九子，蛾眉亭若是赑屃，那亭后的山就是碑了。第二块为陈肃的观澜亭记，似为元碑。第三块是李洞的《过采石

图4-4 蛾眉亭内的五通碑刻/上图

图4-5 传说李白就是从这块巨石上跳江捉月的/下图

江诗》碑，书用狂草，有张旭遗风，中国现代诗人兼书法家郭沫若1964年来采石时于此碑前停留甚久不忍离去。第四块是署名采石书院老儒的《重修采石蛾眉亭记》碑，第五块是巡按监察御史刘淮的诗碑。

1934年采石镇上乡绅捐资，又一次建造被毁了的蛾眉亭。20世纪80年代，因白蚁之害，此亭又呈龙钟之态，采石公园依原样用钢筋混凝土再次大修，细部悉遵原制，但质感差了些。为了不让碑被破坏，移碑于李白纪念馆，而另据拓片刻了五块仿制品置于亭内。

自蛾眉亭向江边走，前方有一巨石，石上刻有“联璧台”三字，传说，李白是酒醉后投江捉月，后又骑江中巨鲸飞入仙界的。宋代梅尧臣采石诗中就写过：“采石月下逢谪仙，衣披锦袍坐钓船，醉中爱月江底悬，以手弄月身翻然。不应暴落饥蛟涎，便当骑鲸上青天……”可见这一传说不是后代编造而是早在宋以前就已流传的。而矶头这块巨石就被说成是李白投江捉月之处，叫捉月台，又叫舍身崖。改名联璧台是明朝正德年间（1519年）的事。当时几位地方长官，有太平知府傅希隼，池州知府何绍正，徽州知府刘志淑，安庆知府胡缵宗和刑部主事方豪（字

图4-6 当代雕塑家钱绍武创作的李白像就耸立在捉月台旁/对面页

矶头明月 亭上秋山

图4-7 矶头下的滚滚江水不舍昼夜向东流去/前页

思道）同登台上，把酒临风，心旷神怡之际，觉得舍身崖名字不雅，遂改名联璧台。大约是五位老爷同抵采石，珠联璧合之意。此石的一半因风化已在清康熙年间跌落江中了，现存岩石的一角也已断裂。但它仍是游人最喜留影之处。倘若皓月当头，波光万点，而世事如梦，联想投江捉月未尝不是美景，清人吴培源诗就是如此态度："落拓狂生，飘零游子，消受水香云腻，炉烟篆细，问跨鹤归来，醉魂醒未？笑杀游人，断垣题未已！"从类似的审美角度出发，当代雕塑家钱绍武创作了李白仰天举臂，风展衣袍直欲飞去的雕塑，放在捉月台与蛾眉亭之间，深受游人喜爱。

五、燃犀镇妖　金牛出渚

图5-1 燃犀亭

沿捉月台左行下坡，又见一处俯视不尽帆影坐听滚滚涛声的好去处。一个四方攒尖亭稳稳地立在这儿，亭内一碑，大书“燃犀亭”三字。仔细一看便知这又是那位当了十几年水师提督的李成谋所书。亭之四柱皆为石料，屋顶为木构，不用飞椽，转角也不用子角梁，系江南木构结角时的一种较简陋的做法。

亭上匾额为“江天一览”，何以叫燃犀亭呢？原来古人传说燃点犀角可以驱鬼。这采石矶不但是人间胜地，也是鬼魅们的欢乐场。东晋时江州刺史骠骑将军温峤在回师武昌途中驻宿采石，当地人告他矶下水急浪高，夜晚常有音乐声达矶上。温峤大惊，命将士点燃犀牛角照亮江面，果然音乐平息而奇形怪状者现形遁去。从此，燃犀成了人们借助于神力战胜凶恶的企求，李白、文天祥等人的诗中都提到了它。

图5-2 常遇春的大脚印

图5-3 大脚印附近的栈道

图5-4 金牛洞

这一带还有一处说人的伟力的石头。沿燃犀亭石阶下行近江面处，可见一块突出于小径旁的巨石，石上有一长达50余厘米的大脚印，脚印的一端，岩石竟被踩塌了一块。这就是传说中明朝大将常遇春由江北渡江攻打采石矶时飞身登崖时留下脚印的地方。采石矶有许多关于明初太祖朱元璋和他的大臣们的故事，大自然也常有某处凹下形似脚印的岩石，这两者一结合，大脚印的石头及由石头再经夸张的故事就形成了。几百年过去，原来的脚印石已崩塌落入江中，此块是为满足游客寻觅脚印的渴望而重新刻制的。

倘若乘船到矶头下的悬崖峭壁处，你还会听到另一个古老的传说。但见那里苍石嶙峋，崖脚下有一天然水洞，枯水季时，江涛拍打，回声振荡，每遇狂风，更是声振如雷。最早的传说即由此而生。有人潜水入洞见一头金牛卧于洞中，此洞就被叫作金牛洞，古代将水中的陆地叫作渚，牛渚一词即由此洞而生，当时的采石矶就是叫牛渚矶。金牛洞外的水中还有一块下细上粗的岩石，人们说，这才是真正的矶头，是拴金牛的，迷信者更认为，要是用钱币投中这金牛柱，可以消灾生财。

图5-5 金牛柱，人们喜欢说它会随水的涨落而升降

六、三元洞与横江馆

若沿蛾眉亭一带继续北行，山路又急转直下，对大江稍低处有一块开阔地，一排面阔五间的硬山建筑坐落在开阔地的第三层台阶上，此处即是为纪念李白《横江词》而建的横江馆。馆者，驿站的意思。横江馆就是唐代官府设在采石矶用作传递文书更换马匹、留客歇宿的处所，相当于今日之招待所。当年李白欲由采石渡江往对岸历阳（在今和县东南）时风狂浪急不可渡，住在横江馆中等待，一气写下六首《横江词》，精彩地描写了横江的惊涛骇浪，也寄托他报国无门的焦急心情。正是所谓“浪打天门石壁开，涛似连山喷雪来”。自唐以后横江馆也几易其名其址，清代以后陆路交通发达，在采石矶北部的驿站毁圮。1978年采

图6-1 清代萧云从壁画中的三元洞一带（袁子瑶重绘）

图6-2 背山面江的三元洞经过了重修/对面页

三元

图6-3 从长江上南望三元洞

石公园按李白横江词中的意境在原玉皇殿旧址按馆舍形式重建横江馆，面对大江，环境绝佳而建筑稍逊。

横江馆左前方，直逼江流处，如同一座从悬崖伸出之仙山琼阁一般的建筑就是中部一个重要景点——三元洞。

如同金牛洞一样三元洞是采石矶临江悬崖处被水浪几千年冲蚀形成的洞穴，且是最大的一处，有上下两层，数个相连。清康熙年间（1662—1722年）有一个叫定如的僧人在此参禅并供奉天、地、水三神位，故叫三元或三官洞。康熙二十二年池州知府喻成龙途经采石为风雨所阻避于此洞后捐俸建阁于洞之上，叫“妙远阁”。1931年长江大水时三元洞被全部淹没，阁亦危及。1935年三元洞主持张玉龙募资重修洞、阁，20世纪80年代采石公园邀请东南大学建筑研究所对三元洞历史及现状作了调

图6-4 从长江上北望三元洞/上图

图6-5 底层与江水相通的三元洞洞口/下图

图6-6 横江馆高踞矶上/前页

研，剔除了1935年以后的岌岌可危的构件，重新结构，恢复了清代风格。

如今，游人可由南端入洞、洞口风景极好，系留影佳地。入三元洞可游上中下三层。下层依然保留原神龛，并可以下到与江面相通水流飞溅的称为“龙宫”的石洞处。二、三层皆设茶室，凭窗眺望，烟波浩渺，水天一色。稍有风浪，江风扑面，涛声盈耳，如坐舟中。此处为当代人最喜欢的凭眺万里长江，与友伴纵谈天南地北的景点。

图6-7 风和日丽时的横江馆前

七、荒冢穷泉骨 惊天动地文

蛾眉亭之后有小径一条，蜿蜒入树林中，拾级而上，沿途有景点三：怀谢亭，李白衣冠冢、三台阁遗址。

上行200米即可见一重檐歇山六角亭，立于平缓之处，此即怀谢亭，李白生前醉酒时“天子呼来不上船”，令高力士脱靴，杨太真磨墨，似乎是位千古狂客，但一生中却对六朝时的两位谢氏人物俯首低眉，无限敬仰。一位是曾任宣州太守的南齐诗人谢朓，谢朓诗风清俊，性格傲岸，后被诬陷死于狱中，李白七次走访谢氏遗迹，谢朓在当涂青山有宅，范传正也是根据李白“悦谢家青山”的原则，迁李墓于青山的。另一位谢氏人物是东晋镇西将军谢尚，谢尚身为武将但满腹经纶，驻守采石时常趁月色泛舟江上。一次听得邻舟有人在月下吟咏史诗，既喜且惊，移船相邀，从而结识袁宏。这位当时身为贫穷船工的青年袁宏，经谢尚的举荐后来担任幕中参军又作东阳太守，成为东晋著名文学家。李白及其他唐代诗人游采石时都在诗中提及这一史实，李白更在诗中叹道“登舟望秋月，空忆谢将军。余亦能高咏，

图7–1 蛾眉亭后的小径通向怀谢亭

图7-2 李白衣冠冢

图7-3 仰望李白衣冠冢

斯人不可闻”。后人正是据这一典故，在采石江边建有赏咏亭，后毁圮。20世纪70年代采石公园移李白衣冠冢于翠螺山后，又据李白诗意在原施庆亭遗址处建此亭，为杜绝白蚁，亭用现代材料作古典风格。

循山径西上，江天渐趋辽阔，曲径之上忽有整齐石级，二段石级登临之后见半圆形青石台座，台座之中为一石砌墓冢，冢前有现代书法家林散之写的墓碑“唐诗人李白衣冠冢”。它没有帝王将相陵寝的巍峨壮丽，也没有某些名人贵胄墓地那样经堪舆家审查地形，测定穴位。墓冢本身高不过2米，颇为寒酸。背负青山面对大江的环境却可体现诗人一生中对采石山水的爱慕。

李白是病死当涂的，但当地人民却认为他是在采石矶头酒醉跳江捉月，撒手人寰，接着骑鲸飞去，只有他身上穿的宫锦袍留在了水

图7-4 墓冢与墓碑

图7–5 三台阁遗址

图7-6 自三台阁遗址望长江/前页

中，被渔人捞起葬于采石。现在江心洲上还有宫锦村。而早在唐代，衣冠冢就已经在采石建起，最能证明此点的是唐代另一大诗人白居易写的那首感人至深的李白墓诗："采石江边李白坟，绕田无限草连云，可怜荒冢穷泉骨，曾有惊天动地文。"也许当时的衣冠冢周围还有几块墓田，但到了清代，李白衣冠冢是在采石镇上的神霄宫内的，到清光绪三十二年（1906年）神霄宫改建为采石小学堂，墓移于操场西侧。1972年才将此墓从操场迁出移建于诗人喜爱的翠螺山麓。

由李白衣冠冢再向上攀登，即达翠螺山顶。明代此处建有高阁叫三台阁，三台者，天、地、人也，建阁以顺天意尊地利讲人和，则地方文风有望弘扬。无奈清乾隆年间的一次战火将楼烧光，民国年间在此处建亭一座也早已毁去，如今是一片空旷。此处居采石矶绝顶，于风景至为重要，有关部门一直在筹划恢复三台阁。

八、名贤与采石

历代名贤过采石，登采石，宿采石者甚多。李白之外唐有孟浩然、白居易、刘禹锡、贾岛、杜牧、杜荀鹤等。宋有梅尧臣、曾巩、王安石、沈括、苏轼、陆游、杨万里、张孝祥、辛弃疾、文天祥。元有萨都剌、赵孟頫。明清直到现代更是数不胜数。然而随着沧桑岁月得与李白相随留下遗迹者只有南宋的虞允文了。由大门入采石公园后，沿新辟的幽静的曲径前行，过月湖，越一片竹林，在万竹坞处可见到一处面阔五间歇山顶的建筑，这就是在民国年间用来纪念这位南宋爱国者的祠堂。

在宋室南迁、南北对峙的历史上，岳飞的功绩尽人皆知，然而，南宋之得以维持半壁河山还有赖于偏安临安后的另一次战役，这战役是绍兴三十一年（1161年）发生在采石矶的。那年冬天，金主完颜亮率40万大军欲攻采石东渡长江进而灭亡南宋。虞允文本是文职的中书舍人，宋高宗任命他为督府参谋军事赴采石犒师，适逢原守将已败逃，新守将未到，而金国

图8-1 虞允文祠

图8-2 林散之艺术馆是一清幽的处所

进犯迫在眉睫，虞氏置个人利害于度外，临敌不惧，深入前线整肃队伍，分析形势，勉以忠义，制订迎敌方案，以一万八千守军加上动员起来的民众击败金兵。后又东驰镇江，推动东部守军扼制完颜亮攻势，促使金军内乱，完颜亮被杀，南侵失败。南宋王朝得以又延续一百余年。南宋张孝祥在诗中曾以赤壁、淝水两战比喻此次采石水战。一百多年后，元军长驱南下，另一位民族英雄文天祥被俘，在北上押解途中过采石，抱着牺牲的心志在他的“采石”诗中再次提及虞允文：“不上蛾眉二十岁，重来为堕山河泪。今人不见虞允文，古人曾有樊若水。长江阔处平如驿，况此介然衣带窄。欲从谪仙捉月去，安得燃犀照神物。”

南宋时虞允文祠即在广济寺侧建了起来，后来屡毁屡修，清末时虞允文祠附设在翠螺书院，后又毁，民国时某高层人士为弘扬民族精神建议重建虞允文、常遇春二祠，地方当局准其所请，但囿于经济状况未能重建，只是将原来是定江神祠的这组建筑用作虞允文祠。将之与三公祠相比，其气势宏大，屋顶等级也较三公祠高，看那殿前两株桧柏，至少也有三百年以上的历史了。原来这定江神祠是祭祀水神的地方，至少在南唐以前就已在采石建立，因为屡屡显灵，水神被封为定江王，享受王的等级的待遇，自然包括面阔可以五间，屋顶可以歇山了，宋代时甚至还认为水神有妻子，建了一座王妃殿。如今这座残破的正殿是清代晚期水神庙的唯一建筑遗物了，但那门前的桧柏，正对中轴线南端的宽阔的石踏道都暗示着此处是一组远较三公祠为雄伟的建筑群。

与虞允文祠隔路相望的是一处颇为朴实幽静的院落，这是为纪念近现代书法家林散之而于20世纪90年代初建起的纪念馆，林氏诗、书、画皆功力非凡，尤以晚年草书驰名于世，极受日本书法界崇敬，但其人淡泊名利不求闻达，真正知其人者不多。现代书法家启功先生为此馆题名并留下敬题之语。纪念馆主体用草顶，曰“江上草堂”，体现林氏洗净脂粉的艺术气质。

九、青山映翠 诗魂流芳

图9-1 被冠以“八仙”名字的朴树

图9-2 秋天时三公祠东的红叶李

采石矶不仅有一组组的著名古迹与大江相伴随，更有着经历代开明的统治者关心过又经近几十年保护、培育与发展的大量的绿化成果。翠螺山上遍植松树，而在山脚处树之种类数不胜数。在通往太白楼的曲径上，在虞允文祠西部不远一棵枝丫四展的朴树尤为动人，它因有八个枝丫伸出而被冠以八仙树的雅号，在虞允文祠周围还有大量的狼榆、女贞。每至秋季，祠前的桂花香气醉人，而枫叶、乌柏又一片紫红，逢晚冬初春，三公祠东的梅花又争妍吐芳，夏季到来之前，观赏采石矶的绣球花真乃一大快事。但最令游客着迷的还是虞允文祠前，万竹坞一带的竹林了。在这里不但可以看到紫竹、湘妃竹，还可看到黄绿相间的金镶玉竹和形状怪异、节节凸起的龟背竹，还有常人难以相信的实心竹和方竹。在摇曳的竹影里，

图9-3 游人在这儿漫步不觉疲劳（上图）

图9-4 万竹坞中（下图）

图9-5 龟背竹

任何心中的郁结都会缓缓舒出。也许正因为如此，不少当代才子面对长江，仰望太白楼，又忍不住写出连篇的诗作。到20世纪80年代末，太白诗社，李白研究会等相继成立，终于发展到在采石矶太白楼旁举行国际诗会，在当年的采石书院和清风亭旁，古银杏树下，从国内外赶来的一批新老诗人纷纷登台吟诵自己的诗作，太白先生在上，自然不敢壁上乱题，但诗集却是印出来了。那太白楼前的明月，采石矶头的江涛都可证明，人间最珍贵的就是率真质朴之情。

图9-6 叠翠楼旁银杏树下便是今日的吟诗台

大事年表

朝代	年号	公元纪年	大事记
三国	赤乌二年	239年	建广济寺，建承天观，时名“希仙观”
	赤乌年间	238—250年	建定江神祠
晋	年代不详		大将军谢尚（308—357年）驻采石建城后曰“谢公城”，后城毁
唐	元和十二年	817年	李白生前好友范伦之子，宣歙观察使范传正，访得李白墓冢及李白的两个孙女，遵李白生前之志迁墓于青山。在此之后在采石镇建李白衣冠冢和在采石矶建谪仙楼。白居易（772—846年）在元和年间有“采石江边李白坟”诗。陆龟蒙（？—881年）有诗“谢朓青山李白楼”
南唐	年代不详		樊若水（943—994年）在采石矶牛渚河北凿石塔，后北渡率宋军南下系浮梁于石塔上
宋	天圣十年	1032年	改广济寺为广济院
	嘉祐八年	1063年	水神并被封为“顺圣平江王”，该年在定江神祠建王妃殿
	熙宁二年	1069年	太守张环建蛾眉亭
	熙宁三年	1070年	于牛渚矶东开采石新河达大江
	年代不详		米芾（1051-1107年）为采石定江神祠写“中元水府”四字刻碑于祠
	嘉泰元年	1201年	在采石镇李白衣冠冢处建神霄宫
	嘉定九年	1216年	江东提举李道传在牛渚山广济寺侧建虞允文祠
	绍定年间	1228—1233年	防御史王明在李白衣冠冢旁建幕云亭
	淳祐年间	1241—1252年	建五通殿在广济寺附近
	淳祐九年	1249年	修虞允文祠，数年后，改建虞允文祠于定积山之西
	年代不详		州守牟子才在谪仙楼后建太白祠并留有李白祠记

朝代	年号	公元纪年	大事记
元	至正年间	1341—1368年	元守将杨文彪在采石镇江口处修教场，并题“江天铁壁”四字
			虞允文祠毁
			重修中元水府祠，有正殿、献殿各三间
			道士项德重建承天观；弘吉剌氏将“江山好处亭”改名为“观澜亭”；萨都剌访采石留有采石怀李白诗碑；张献武、王弘范创建采石镇书院
	元末		陈友谅在五通殿称帝，后兵败殿被焚
明	明初	1368—1396年	僧明满重修广济寺
			重建五通庙
			都金陵，高皇帝厘正祠典，黜诸不经，而采石（李太白）祠事独存
	洪熙、宣德年间	1425—1435年	道士张道淳诣京，谒大学士杨荣，具题请旨重建承天观，镇人御史戴谦记
	正统五年	1440年	巡抚周忱移清风亭于翠螺山上，并在亭前重建谪仙楼
	景泰三年	1452年	太守李郁重建虞允文祠
			丰城太守与同知等人捐资并命广济寺僧募材重建江山好处亭
	成化七年	1471年	太守施奇重修虞允文祠。彭时写虞忠肃庙请祀记，祀典始正，倪谦为观澜亭写《江山好处亭》记
	正德十四年	1519年	太平知府、池州知府、徽州知府、安庆知府及刑部主事方豪游采石改拾身崖为“联璧台”方豪（思道）题字镌刻其上
	嘉靖初		太白祠渐圮，郡守林一材等相与协谋，修复祠宇，不逾年乃成，汪道昆撰“重修采石太白祠碑记”记其事
	嘉靖三十四年	1555年	知府任有龄重修定江神祠。约嘉靖年间僧周光在采石山顶建准提阁

朝代	年号	公元纪年	大事记
明	隆庆二年	1568年	建宗王殿于翠螺山
	天启三年	1623年	孙慎行过采石刻谪仙楼碑，清初碑毁
	崇祯年间	1628—1644年	道士夏隐南募众重修承天观
	崇祯十五年	1642年	郡绅曹履吉捐资建三台阁于翠螺山顶，建了然庵于采石山
清	顺治十五年	1658年	太白楼为过客烟火所焚
	康熙元年	1662年	太守胡季瀛撰“募建采石谪仙楼记事”许岩光有“重修太白楼记”，该楼当在此后不久建成并将神霄宫旁的李白祠移建于此
	康熙年间	1662—1722年	僧定如凿三元洞
	康熙二十二年	1683年	池州知府喻成龙经采石，登三元洞，捐资建“妙远阁”于其上
	康熙二十三年	1684年	联璧台上半部堕入江中
	雍正八年	1730年	郡守李暲在太白楼后建翠螺山书院，书院面南五楹，中祀虞允文，又于谪仙楼东西各建二层各二间为诸生肆业栖息之所
	雍正十二年	1734年	孝廉秦上达倡募重建赤乌井庵
	乾隆年间	1736—1795年	三台阁毁于兵燹
	道光八年	1828年	采石镇绅黄裳捐资重修虞允文祠
	咸丰年间	1851—1861年	太平天国战争，太白楼及祠毁于火。曾任长江水师提督后官至兵部右侍郎太子少保的彭玉麟倡议重修
	光绪三年	1877年	彭玉麟捐资重建太白楼，原淮军首领，后任直隶总督、北洋大臣的李鸿章捐资建楼后的太白祠
	光绪年间	1875—1908年	重建广济寺山门，大雄殿及观音阁
	光绪十三年	1887年	长江水师提督李成谋重建燃犀亭，题字刻碑

朝代	年号	公元纪年	大事记
清	光绪十六年	1890年	彭玉麟卒，赐恤建专祠于采石，是为彭公祠
			原水师将领后任湖北提督，陕甘总督杨岳斌卒，赐恤建专祠，是为杨公祠
	光绪十八年	1892年	李成谋卒，赐恤建专祠，是为李公祠
			李白衣冠冢处的暮云亭毁
	光绪三十二年	1906年	镇绅鲁式谷将神霄宫改为采石矶公立小学校，后又辟操场，移李白衣冠冢于操场之西北隅
中华民国		1911年	采石公园建立
		1931年	大水毁三元洞处建筑，此时或之前，小白塔毁
		1934年	重建蛾眉亭
		1935年	张玉龙募资重修三元洞及妙远阁，小白塔处辟为平台。刘一公任当涂县长，欲重建久废之三台阁，但最终只建三间平屋，在此之前，镇绅鲁亚鹤等集资维修太白楼、清风亭、蛾眉亭等

图书在版编目（CIP）数据

采石矶 / 朱光亚撰文 / 摄影. —北京：中国建筑工业出版社，2014.6
（中国精致建筑100）
ISBN 978-7-112-16648-0

Ⅰ.①采… Ⅱ.①朱… Ⅲ.①风景名胜区-古建筑-建筑艺术-马鞍山市-图集 Ⅳ.①TU-092.2

中国版本图书馆CIP 数据核字（2014）第061442号

责任编辑：董苏华 张惠珍 孙立波
技术编辑：李建云 赵子宽
图片编辑：张振光
美术编辑：赵 清 康 羽
书籍设计：瀚清堂·赵 清 周伟伟 康 羽
责任校对：张慧丽 陈晶晶 关 健
图文统筹：廖晓明 孙 梅 骆毓华
责任印制：郭希增 臧红心
材料统筹：方承艺

中国精致建筑100
采石矶
朱光亚 撰文/摄影

中国建筑工业出版社出版、发行（北京西郊百万庄）
各地新华书店、建筑书店经销
南京瀚清堂设计有限公司制版
北京顺诚彩色印刷有限公司印刷

开本：889×710 毫米 1/32 印张：$2^7/_8$ 插页：1 字数：123 千字
2015年11月第一版 2015年11月第一次印刷
定价：**48.00**元
ISBN 978-7-112-16648-0
（24388）